应用型普通高等院校艺术及艺术设计类规划教材

环境景观设计手绘效果图
马克笔表现技法

孙虎鸣　编著

U0234698

北京理工大学出版社
BEIJING INSTITUTE OF TECHNOLOGY PRESS

内容简介

本书系统介绍了环境景观设计手绘效果图——马克笔技法表现的基础知识和绘制方法，并附有大量的效果图表现实例。本书对马克笔景观效果图表现方法加以详尽解析，图文并茂、深入浅出，技巧实用、方法得当，利于初学者快速掌握。本书主要内容包括：技法基础知识概述部分、工具与材料使用部分、技法基础训练部分、技法步骤部分、技法解析部分、平面与立面表现图部分、效果图赏析部分。

本书适用于建筑学专业、园林景观设计专业、环境艺术设计专业、室内外设计专业、公共艺术专业等教学使用的教材。也可作为设计师及爱好者学习马克笔技法表现的参考用书及培训教材。

版权专有　侵权必究

图书在版编目（CIP）数据

环境景观设计手绘效果图：马克笔表现技法 / 孙虎鸣编著. —北京：北京理工大学出版社，2016.7（2023.1重印）
ISBN 978-7-5682-2650-9

Ⅰ.①环…　Ⅱ.①孙…　Ⅲ.①景观设计－环境设计－绘画技法　Ⅳ.①TU-856

中国版本图书馆CIP数据核字（2016）第170669号

出版发行 / 北京理工大学出版社有限责任公司
社　　　址 / 北京市海淀区中关村南大街5号
邮　　　编 / 100081
电　　　话 /（010）68914775（总编室）
　　　　　　（010）82562903（教材售后服务热线）
　　　　　　（010）68944723（其他图书服务热线）
网　　　址 / http://www.bitpress.com.cn
经　　　销 / 全国各地新华书店
印　　　刷 / 雅迪云印（天津）科技有限公司
开　　　本 / 787毫米×1092毫米　1/16
印　　　张 / 8
字　　　数 / 198千字
版　　　次 / 2016年7月第1版　2023年1月第3次印刷　　　　　责任编辑 / 陆世立
定　　　价 / 45.00元　　　　　　　　　　　　　　　　　　　责任印刷 / 马振武

前　言

设计手绘技法可以说是一种绘制技能，是一种依据某种表现形式和规律，并借助于工具绘制设计方案的技术手段和方法。环境景观手绘效果图，就是这种方法的外在表现形式之一，是指能够表达环境景观设计预想的真实的环境场景图，也是设计者的创意内容及设计思想的表现图。环境景观手绘效果图按其设计和绘制过程中表现的时段、内容、手法等不同，又有许多称谓，如前期构思方案图称为草图，后期深化设计的表现图称为效果图等。环境景观设计手绘表现是设计师推敲设计构思、完善设计方案的重要手段，是设计师完整表达设计意图最直接的有效方法和必备的基本功。

手绘表现图的表现手法多种多样，有彩色铅笔表现、水粉表现、水彩表现、钢笔淡彩表现、马克笔表现等方法。在诸多环境景观手绘图表现手段和方法中，马克笔以其表现方法的灵活多变性及特有的艺术性，普遍受到设计师的喜爱。同时马克笔在快速表达设计方案和记录创意灵感方面具有明显优势，也是目前手绘效果图常用的技法之一。本书着重在马克笔技法表现方面进行介绍，其目的就是通过对马克笔常用的技法进行案例分析、方法解读、基础训练等，使参阅者能够在短时间内快速掌握技法要领并加以灵活运用。

本书是作者参阅大量资料并结合多年教学经验编写而成，优选汇集了一些有代表性的马克笔作品，以及一线设计师和高校专业教师的优秀作品，力求多层面、多角度展示环境景观手绘效果图的不同风格与技法特点，为学习者提供广泛的参阅资料和临摹范本。环境景观设计表现图因其创作过程和绘制方法有较强的专业性，必须经过严格的专业化的基础训练，方能逐渐体会要领、掌握方法，从而达到有效激发设计灵感、充分表达设计思想、着力提升审美能力的作用。希望初学者能够依照一定的规律和方法进行练习，采取循序渐进、勤思多练、熟能生巧的原则，经常性地勾画一些设计速写及构思草图，以此来提高造型能力和表现能力，为环境景观手绘效果图表现奠定基础。

本书在编写出版过程中得到了北京理工大学出版社编辑以及各位朋友们的大力支持：吉林农业大学李广老师，长春工程学院刘运符老师，长春大学旅游学院郑志辉、孙达科老师，长春艺术设计学校郑超老师为本书提供了作品和教学范图。设计师鲍陟岳、张雁龙、罗子杰、孟庆超、鲁江为本书提供了设计表现图例，长春大学旅游学院郭松和袁媛两位老师为本书提供了绘画作品。在此对他们的支持与帮助表示衷心感谢。

由于编者水平所限，本书在编写过程中难免会出现一些纰漏和错误，望各位读者批评指正。

编者

目 录

第一章　环境景观手绘效果图概述

第一节　基础知识

1. 相关概念

（1）景观设计概念

景观设计包括两个方面，一是指自然景观，二是指人文景观。自然景观分地理地貌类景观、地质类景观、生态类景观、气象类景观、气候类景观等。人文景观是指人类所创造的景观，分古代人文景观和现代人文景观。其中古代人文景观主要以历史遗迹为主，现代景观主要以体现科技与文化的创造性成果方面的景物为主。

广义的景观设计主要包含对环境的整体性规划和具体空间设计。狭义的景观设计是指对开放的公共环境空间进行设计，其主要设计要素包括了地形、水体、植被、建筑物、公共设施，以及公共艺术品。主要设计对象有广场、步行街、居住区环境、城市绿地、滨水地带、园林景区等。景观设计是以满足人类生活环境空间的功能要求、审美要求和精神要求，来提高人类生活品质的最终目的。

（2）景观设计手绘表现概念

景观手绘表现是设计师通过徒手绘制，形象、直观地表现设计概念或设计效果的一种专业技能与表现技法。手绘表现绝非是一种绘图手段，它是一种特殊的绘画形式，是一个复杂的思维过程、创造过程，是将大脑的构思转化为视觉语言的过程，并清楚准确地把思维片段及设计构想以图的方式表达出来。在此过程中，强调的是形象思维、空间想象及空间表达的能力，并掌握透视、构图、线条、色彩、工具材料等几方面要素，进行系统的设计表达。

2. 透视知识

（1）透视概念

透视源于西方绘画理论方面的术语，多指在平面上描绘物体的空间关系的方法或技术。透视法最初是通过一块透明的平面去看物体，并将所见物体准确描绘在平面上的方法，即所谓的透视图方法。将其方法形成规定的原理，按照原理方法，利用透视线条来表示物体的空间位置、形态轮廓和投影的科学称为透视学(图1-1)。

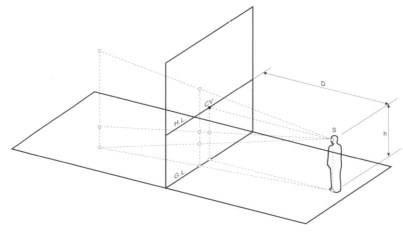

HL: 视平线　　　D: 视距（视中心线）
GL: 基线　　　　h: 视高
CV: 视中心点　　s: 站点

图1-1　透视原理　刘运符

（2）　透视常用术语

1）画面（PP）。

画面指绘图者与物体之间垂直于地面的假想平面。画面一般垂直于地面平行于观者。标识为PP。

2）基线（GL）。

基线指基面（地平面）与画面相交的线。标识为GL。

3）视点（EP）。

视点指观者眼睛所在位置的点，又称观察点（人眼所处的地方）。标识为EP。

4）站点（SP）。

站点指观者的站立点，即视点在基面上的投影。或指观者所站的位置，又称停点。标识为SP。

5）视平线（HL）。

视平线指与视点同高并通过视线中心点的假想水平线，即与人眼等高的一条水平线。标识为HL。

6）基点（GI）。

基点即从视线。心点作垂直线与基线相交的点。标识为GI。

7）视心点（CV）。

视线中心点是指过视点向画面作垂线，该垂线与画面的交点。标识为CV。

8）视高（EL）。

视高是指视点到地平面的垂直距离，即从视平线到基面的垂直距离。标识为EL。

9）消灭点（VP）。

消灭点指与视线平行的诸条在视平线上交汇集中的点，也称为消失点。标识为VP。

（3）　透视常用形式

透视学是研究透视的一门科学。透视在景观设计手绘图中是指用线条或色彩在平面上表现立体空间及环境的方法。熟练运用透视原理绘制的透视图，是景观设计手绘效果图的基础。人们常见的景观设计效果图，基本上都是在遵循透视图原理及方法绘制完成的，所以说掌握透视学的基本原理及透视绘图方法是画好景观设计效果图的基础。经常用到的透视图画法有以下几种：一点透视法（也称平行透视法）、二点透视法（也称成角透视法）、三点透视法等方法，我们能够熟练掌握并运用一、二种方法即可。

　　1）一点透视。

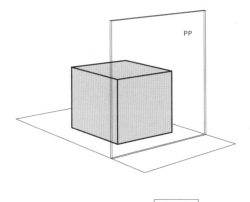

一点透视也称"平行透视"，只有一个方向的透视灭点，是最常见的一种透视方法。此方法因其在图面中只有一个消失点（灭点），所以绘制过程不复杂，容易掌握。其特点是表现范围广，纵深感和空间感强，能够准确地反映出主要空间立面比例关系，适合表现整齐、平展、稳定、庄重、严肃的空间及较大的环境。其缺点是画面略显呆板，与真实环境有一定差距，表现效果不够生动（图1-2～图1-5）。

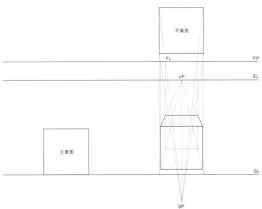

图1-2　一点透视原理　刘运符

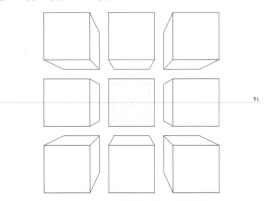

图1-3　一点透视角度　刘运符

图1-4　一点透视图　孙虎鸣

图1-5 一点透视图 李广

2）二点透视。

二点透视也称为"成角透视"，在图面中左右方向有两个消失点（灭点）。两点透视图反映的环境空间比较接近于真实的空间感觉，表现效果生动活泼，给人以自然亲近之感。缺点是透视角度选择不好，空间及物体易产生变形。两点透视图表现空间时，要注意透视的失真角度问题，两个消失点离得不能太近，太近就会出现透视夹角（失真角），造成画面环境空间及物体的失真现象。画面中的主体景物应尽量避开失真角，这样有利于画面的稳定性和真实感（图1-6～图1-9）。

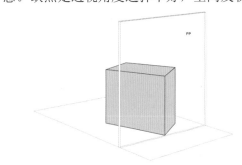

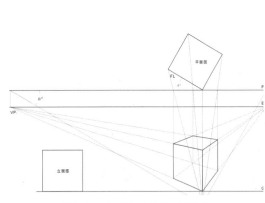

图1-6 二点透视原理 刘运符

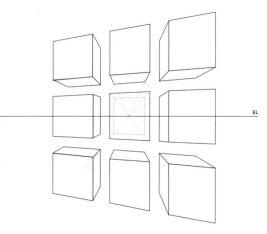

图1-7 二点透视角度 刘运符

图1-8　二点透视图（一）　李广

图1-9　二点透视图（二）　李广

3）三点透视。

三点透视，也称为"斜角透视"。它除了画面中左右两个透视灭点以外，还有向上消失的"天点"或向下消失的"地点"。其特点是表现范围大，空间立体感强，能够较全面地反映出环境空间关系，适合表现较大的环境景观场景。其缺点是画面容易变形失真，与真实环境景观有所不同（图1-10~图1-12）。

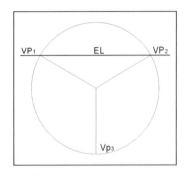
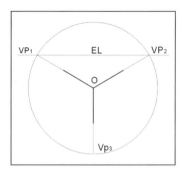
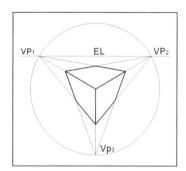
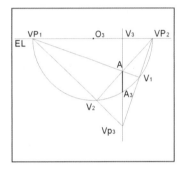
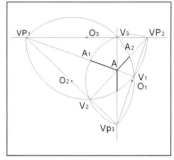

图1-10　三点透视原理　刘运符

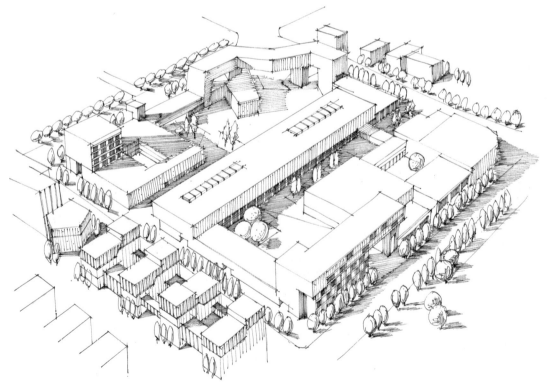

图1-11　三点透视图（一）　李广

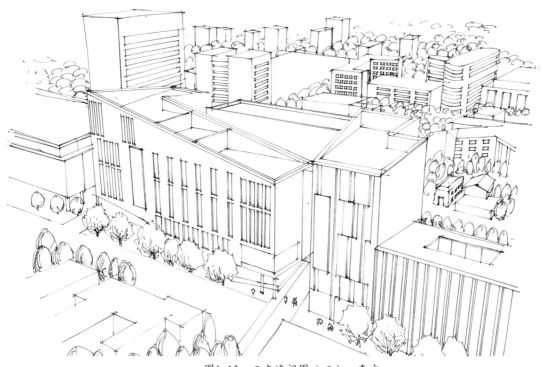

图1-12　三点透视图（二）　李广

4）透视图简略画法及其他透视知识。

在画透视图的过程中，我们经常会利用简易的画法来绘图。画透视图会遇到等分某个透视的面，还有圆的透视以及斜面的透视画法等问题，这些都是实际作图时所能应用到知识（图1-13～图1-16）。

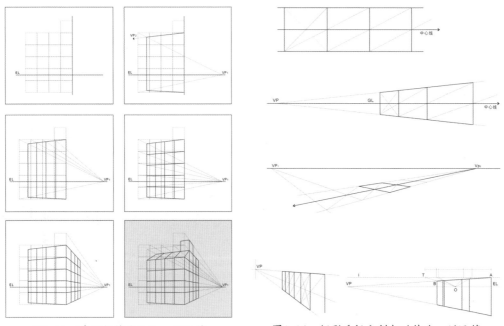

图1-13　建筑物简略画法　刘运符　　　　图1-14　矩形透视分割与延伸法　刘运符

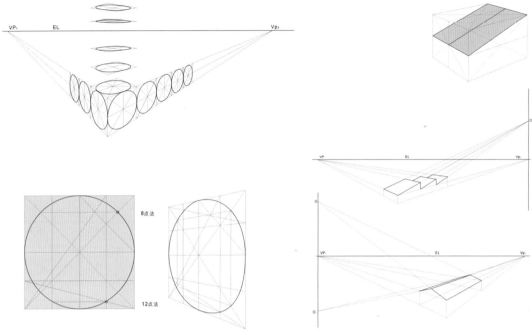

图1-15　圆的透视方法　刘运符　　　　　图1-16　斜面的透视方法　刘运符

（4） 绘制透视图应注意的事项

1）适当选择视平线的高度（视点的高度）。通常人在空间的视点高度确定为1.7m左右（常用站立时的视点高度）。视平线的高度决定了空间物体的视觉范围。视平线低，景观空间上部范围表现大一些。视平线高，景观空间下部范围表现大一些。

2）根据所表现的主体景物来确定透视角度，即视点的位置。选取视点不宜太偏（左或右）、太正（正中）。视点太偏构图不稳定，视点太正构图较呆板，视点的设定主要体现在环境空间的立面景物表现方面。

3）透视图的线稿。透视图线稿，要求线条清晰、肯定、流畅、疏密得当。空间中的景观物体的结构和比例尺度表达要明确，空间环境的透视关系表达要清楚。透视图线稿可以徒手绘制，也可以利用尺子来绘制，还可以两者结合运用，可以说，透视图线稿的好坏往往影响到画面的整体效果。

3. 构图知识

（1） 构图概念

构图在绘画中是指按照题材和主题思想的要求，把表现的形象适当地组织起来，构成一个协调的完整的画面。设计手绘表现图中所应用的构图主要指在一定空间范围内，对要表现的空间景物形象，进行组织安排，形成局部与整体之间，空间与物体之间特定的某种形式，它包含艺术造型因素与表现手段，是艺术形式美的直接体现。对于景观设计表现图而言，成功的构图能使表现图中的景物重点突出、主次分明、赏心悦目。反之，就会缺乏层次感、进深感，会影响图面的整体效果。

（2） 构图基本要求

对于设计手绘表现图来说，构图的基本原则是对比统一，在美学法则的基础上达到视觉平衡与艺术美感。基本上遵循平衡、协调、比例、节奏、对比、统一等基本原则。

平衡：图面要平稳、均衡，到达视觉上的平衡感。

协调：空间环境中各个区域及物体之间的协调性。

比例：空间及物体的大小比例关系和尺度感。

节奏：空间层次的递进关系，秩序与变化的运动感。

对比：空间与空间、景物与景物、空间与景物等形成的对比关系。

统一：图面安定和谐的整体效果及协调统一的艺术美感。

（3） 常见的构图形式

从构图理论来讲构图的形式种类很多，如九宫格构图、十字构图、S构图、垂直构图、横向构图等形式。景观设计手绘图常采用的基本构图形式有竖向构图和横向构图。由于受到特定空间的限制及透视规律的制约，景观设计手绘图的构图形式不像绘画构图那么丰富自由，但构图的原则与方法还是灵活多变的，要求构图形式服从主题内容，提倡构图形式的多样性（图1-17～图1-19）。

图1-17 横向构图（一） 李广

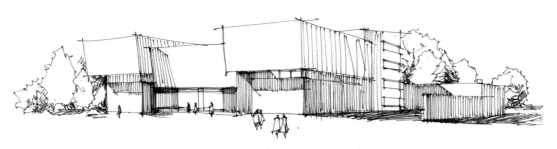

图1-18 横向构图（二） 李广

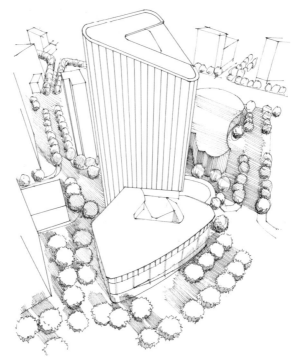

图1-19　竖向构图　李广

（4）　构图注意事项

景观设计手绘图在构图方面应注意以下几个方面。

1）构图时注意视觉的均衡效果，讲究图面效果的视觉平衡感觉及稳定性。

2）构图时要选择好视点的位置，图面中要反映出主要的空间环境内容。

3）构图应避免主次不分、前后重叠现象的发生。注意近景、中景、远景的层次关系和递进关系，处理好相互间的避让和取舍关系。

4）注意图面的虚实关系和明暗关系的处理。

5）要善于利用空间环境中的植物、建筑小品等景物来丰富构图。

6）构图要适中，图面不应太满，要留有取舍、裁剪图面的余地。

4.　素描与色彩知识

（1）　设计素描与设计速写

设计素描是艺术设计专业的重要基础课程之一，以培养学生的创意思维能力与创意表现能力为目的。设计素描注重培养学生的观察力、分析力、表现力、创造能力以及归纳能力，它主要侧重对空间状态下的物体结构、形体比例、形态特征等方面表现能力的训练。其表现的方法主要以素描的形式，根据物体的结构规律、比例尺度规律、形态组合规律、空间透视规律等进行具体表现。设计素描与传统素描有着内在的联系，同时也有各自的特点，其表现时强调的重点会有所不同。设计素描注重研究与表现物体的形态特征、结构特征以及空间透视变化，具体表现形式以线条表现为主，辅以少量的明暗变化。传统素描多指"全因素"素描或者指表现素描，强调对物体形态全面的表现，其中包括物体的质感特征、体量特征，及光影特征等表现内容。设计素描作为基础训练，是一个持续不断、反复练习、不断校正的训练和创造过程，要遵循由浅入深、循序渐进的原则去学习和掌握（图1-20～图1-21）。

图1-20 素描表现 郭松

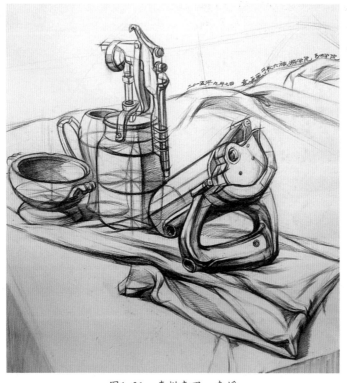

图1-21 素描表现 袁媛

速写是从素描中衍生出来的一种独立的形式，属于素描范畴之内，是素描的一种草图形式，速写常被作为培养基本造型能力的一种训练方法，它是造型训练的重要组成部分。设计速写有别于绘画速写，主要体现在其表现的着重点不同，设计速写重点要解决的除了物像的外在特征，还要解决内在的结构特征，同时还要发挥想象力以完成创造新形象的任务。有些大量的创意性构思方案，主要依靠设计速写来完成，可以说，设计速写对于景观环境设计的表现至关重要。对于初学者，建议从设计速写开始练习基本功，随着设计速写的不断进步，表现技法能力才会有一个质的提高（图1-22、图1-23）。

图1-22　速写　鲁江　　　　　　　　　　图1-23　速写　罗子杰

（2）　设计色彩

设计色彩是设计表现的重要手段。也是基础造型的一种训练方式。在表现形式上，设计色彩不以真实地再现自然为目的，而是从自然形态入手，理性分析客观物体本质特征和色彩要素，超越客观物体的色彩表现形式，达到创造性的表现物体色彩形象特征。

设计色彩基础训练，有别于传统意义上的色彩训练，设计色彩强调的是对色彩应用方面的训练，在了解掌握色彩原理、构成规律的基础上来研究色彩冷暖变化、光影变化、情感变化等因素，并借助于各种形式来表现色彩的变化。设计手绘效果图能够直接应用到设计色彩方面的知识很多，如色彩的明度变化、纯度变化、色相变化、冷暖变化等，可以说设计色彩知识是景观设计手绘表达的一个重要的知识点，长期进行设计色彩的练习尝试，有利于我们拓展和开发新的设计色彩表达方法（图1-24～图1-27）。

图1-24　油画表现　郭松

图1-25　设计色彩表现　佚名

图1-26 水彩表现 袁媛

图1-27 设计色彩表现 袁媛

第二节 手绘效果图种类

环境景观设计手绘表现的形式和手段是多样的，表现风格也各不相同。设计手绘表现应用的范围较广泛，这里所说的范围，是指根据设计过程中某个阶段进行的设计表现内容、设计表现方法、设计表现风格及设计表现程度，在其应用时所涉猎的范围。环境景观设计手绘效果图主要包括以下几种。

1. 方案构思草图

方案构思草图包括：设计前期的构思方案草图和设计中期的设计推敲效果图。设计前期的构思方案草图。此类图是以记录性草图形式为主要特征，有些具有符号特性。它具有快速运笔、随意勾画、图形草率、记忆符号等鲜明的特点。此类图是设计师收集资料、构思方案常用的一种手绘草图。其用笔随意性大，不拘细节，形式多样，风格迥异，是设计师快速表达设计的一种极具个性的表现形式（图1-28、图1-29）。

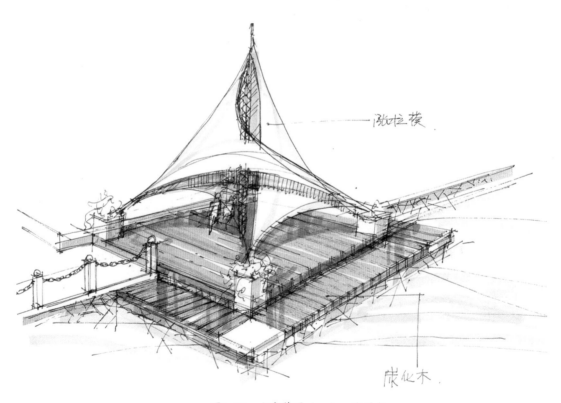

图1-28 方案草图（一） 张雁龙

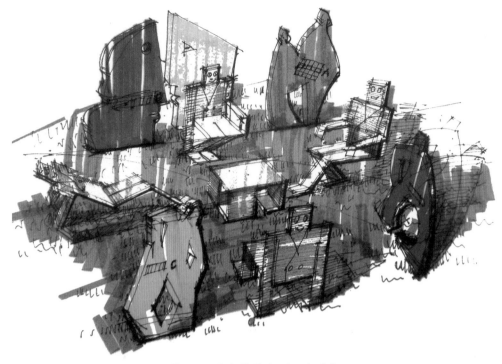

图1-29　方案草图（二）　张雁龙

　　设计中期的设计推敲效果图。此类图是记录设计构思、推敲方案、表现环境整体特征与局部空间为主的设计草图。其主要特点就是图形虽然草率但是环境形态特征和空间结构方式较清晰。用笔表现方法灵活多变，并带有设计师个人的审美情趣和艺术表现力。此类图，是以推敲方案构思为前提条件的，具有一种研究性、识别性、艺术性特点，有些地方虽绘制得不够完整，但设计意图和设计形式的表达是比较清晰明确的（图1-30、图1-31）。

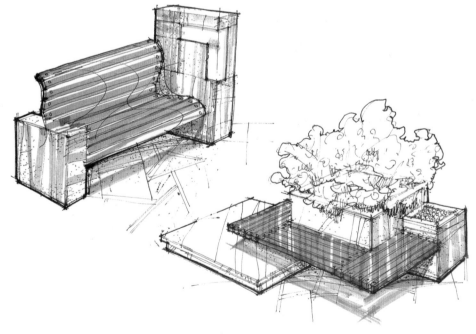

图1-30　方案草图（三）　张雁龙

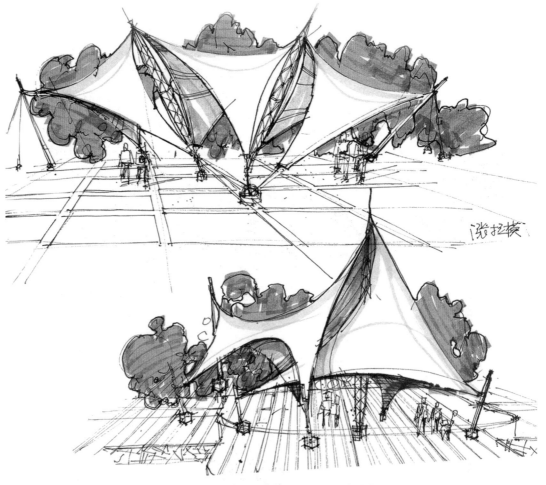

图1-31　方案草图（四）　张雁龙

2. 设计表现效果图

此类图是一种构思成熟、设计完整的预想效果图，即设计表现效果图。特点就是能够完整地表达出设计预想的结果和艺术特征，真实再现设计构想，较直观的表现出设计意图。表现时，总体强调布局合理、结构严谨、材质明晰、色彩丰富、比例尺度准确、环境氛围真实、艺术风格突出。具体要求透视比例准确、空间感强、色彩协调、环境气氛及材料质感真实可信。它是设计最终阶段完成的效果图（图1-32、图1-33）。

图1-32　设计效果图　孟庆超

图1-33　设计效果图　李广、沈婧

本章小结：

　　本章概括介绍了环境景观设计手绘效果图的相关知识。通过对环境景观设计概念和手绘效果图种类的解读，以及对透视基础知识、构图基础知识、绘画基础知识等内容的介绍，使学习者对其相关知识有一个较全面的了解。本章的重点是透视和构图方面的知识，特别提醒初学者应对这些知识给予重视，这些知识是马克笔绘制方法的基础知识，熟练掌握和应用这些知识才能够学好马克笔手绘效果图。

思考与练习题：

1. 设计素描与设计色彩知识对设计表现技法的作用是什么？
2. 设计手绘效果图常用透视有几种？绘制透视图时应注意的事项是什么？
3. 设计手绘效果图常用构图有哪些？构图应用时注意哪几个方面事项？
4. 尝试利用一点透视和二点透视绘制景观线稿图。

第一节 常用绘制工具

1. 画线笔

　　常用画线用笔有钢笔、中性笔、签字笔、草图笔、针管笔、制图笔、铅笔、圆珠笔、彩色铅笔等。这些笔都是以画线为主的笔，景观线稿图都是由这些笔来完成的。每种笔有不同的特点，画出的线条风格也不相同。可以根据自己使用习惯和爱好来选择用笔。由于画线笔的笔尖型号、大小不同，线条的粗细就不同。线条的粗细变化会产生不同风格效果，所以选择笔的型号时，可以多选几支不同型号的笔以备用（图2-1、图2-2）。

图2-1　画线笔（一）

图2-2　画线笔（二）

　　（1）　硬质类笔（钢笔、制图笔、签字笔等）特点

　　钢笔、中性笔、签字笔、制图笔、针管笔、签字笔等，此类笔以画线为主。其特点是笔尖硬，颜色以单色为主，黑色居多。硬质笔画出的线条挺拔、直率、有力度，清晰度高并具有粗细变化。

　　（2）　铅笔特点

　　铅笔特点是笔芯有软硬之分，可以根据自己的需要来选择。铅笔既可以画草图稿，也可以画正稿（铅笔效果图）。铅笔是构思草图阶段使用最多的工具之一。铅笔画图方便、易于修改、表现力强，特别是对物体明暗关系的表现优于其他类型的笔。

　　（3）　圆珠笔特点

圆珠笔特点是线条纤细而光滑，易于表达物体细部和体积感。圆珠笔颜色有蓝、黑、红等多色，设计手绘效果图线稿多用黑色表现。由于圆珠笔的笔头是滚珠形式，其画图时要有一定的速度，否则易出现遗留墨点的现象，最终影响画面效果。

（4）彩色铅笔简介

彩色铅笔具有普通铅笔的特性，同时还具有上色功能，是比较常用的表现工具。彩色铅笔可分为一般性彩色铅笔和水溶性彩色铅笔两种，颜色一般有6色、12色、24色、36色不等。其特点是颜色过渡柔和、丰富、自然，表现时既能用线条表现也能用颜色表现。可以重复画线和上色，便于修改，利用橡皮可以擦掉重画。

2. 马克笔

马克笔是设计手绘效果图常用的着色工具之一，其品种和类别丰富多样，而且笔体较小便于携带。马克笔可分为水性、油性和酒精性三种类型。

水性马克笔的特点是色彩柔和而透明，色彩明度适中，笔触叠加时色彩层次丰富。但叠加次数不宜过多，因覆盖色过多，色彩容易变得混浊。叠加次数过多也容易使薄一些的纸张起皱变形。

油性马克笔的特点是颜色纯度高，色彩艳丽，不易变色，适宜在较光的纸面上着色。如果在吸水性较强的纸面上着色，颜色容易扩散，使颜色变得暗淡。

酒精性马克笔的特点是颜色的纯度、饱和度较高，色彩过渡细腻而丰富。颜色透明，上色后色彩稳定不易变色，由于酒精挥发性快，容易形成笔触，在吸水性强的纸面上着色，色彩较灰暗。

无论哪一种性能的马克笔，其共同的特点是颜色附着力极强，上色不容易改动。另外，马克笔笔杆长短、粗细不尽相同，笔头又有方圆、粗细、宽窄之分，这些因素我们应用时要加以考虑，要分别对待、熟悉特点、掌握绘制方法，才能得心应手。

常见马克笔有日本的YOKEN、德国的STABILO、美国的PRISMA、韩国的TOUCH等品牌。国内品牌的马克笔也很多，供选择的范围比较广泛（图2-3、图2-4）。

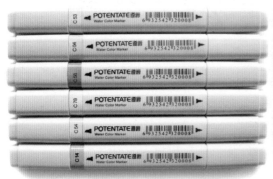

图2-3 马克笔（一）

图2-4 马克笔（二）

3. 辅助工具

（1）　绘图尺子

作为辅助工具的绘图尺，是画图必不可少的。常用的尺子有直尺、曲尺、界尺等，绘图时常利用尺子辅助各种笔来画线稿图。马克笔可以利用尺子来上色，画出色线或排出色面。总之，手绘图对尺子要求不是太严格，实际作图时，多数情况下是徒手画与用尺子画结合运用（图2-5）。

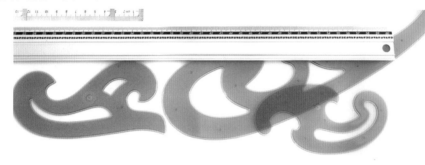

图2-5　绘图尺子

（2）　辅助工具

作为手绘图，可以根据画法的不同来相应准备不同的辅助工具。例如：高光笔、胶带、壁纸刀、橡皮、遮挡片、涂改液等，这些备用工具有时是必不可少的，提前做准备有利于提高绘图效率（图2-6）。

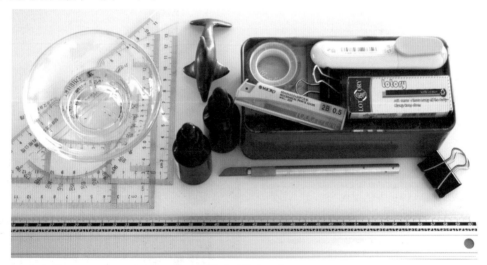

图2-6　辅助工具

第二节　常用纸张

设计手绘效果图对纸的要求相对不是很高，只要是绘图用的纸，都可以使用。马克笔绘制效果图常用的纸有以下几种：制图纸（白色）、复印纸（白色）、彩色纸、硫酸纸、马克笔专用纸等。如果马克笔与水粉色、水彩色、透明水色等结合绘制效果图，其用纸要求相对厚一些，以免上色时因水的作用使纸张起皱不平整影响效果（图2-7）。

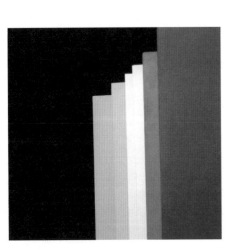

图2-7　常用纸张

第三节　辅助颜料

　　马克笔可以与其他辅助颜料结合使用，常见的辅助颜料有水粉色、水彩色、透明水色、色粉等颜料。马克笔都可以与这些颜料相互结合使用，由于这些颜料各自的特点，马克笔与其结合使用时，会形成不同的风格。我们使用时，要根据表现形式及内容的要求来选择合适的颜料，同时要灵活运用多种颜料的优势，考虑运用综合画法来扬长避短，弥补马克笔上色的不足之处（图2-8）。

图2-8　辅助颜料

本章小结：

　　本章阐述了设计手绘效果图常用绘制工具的性能及特点，同时附以图例，较直观地表达了工具特征。重点介绍了线稿用笔和马克笔的一些特点，因为它们是设计手绘效果图表现时经常用到的工具，希望初学者给予重视并熟练掌握。

思考与练习题：

1. 思考各种笔在绘制效果图时表现出的不同特点并体会用笔要领。
2. 尝试使用不同纸张来表现，体会纸张特性对表现效果的影响。
3. 重点了解马克笔的特性，体会上色时颜色明暗虚实变化及笔触的过渡变化。

第三章　环境景观手绘效果图技法基础训练

第一节　线条表现

1. 直线表现

　　无论是长直线还是短直线，表现时要有力度、有速度感。直线的起笔和收笔要明确肯定，要有停顿。画时要笔笔肯定，一丝不苟，把直线的硬度质感表现出来。直线要求挺拔、光滑，线条忌讳出现飞白、破损、断缺、街接位错、粗细不均匀等现象。单线练习时多画一些排线，排线的形式有很多种，如横竖排线、斜角排线、长短排线、交叉排线、错位排线等（图3-1～图3-3）。

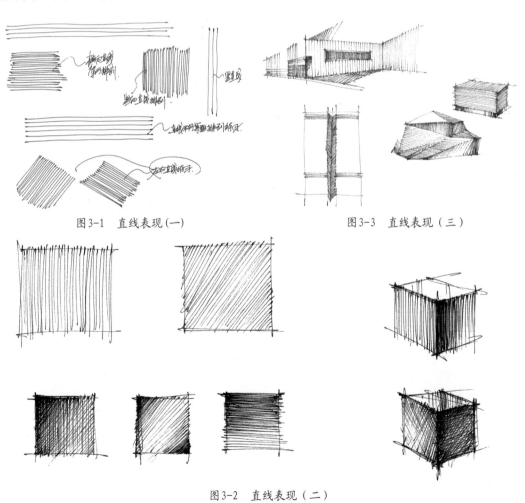

图3-1　直线表现（一）　　　　　　　　图3-3　直线表现（三）

图3-2　直线表现（二）

2. 曲线表现

曲线具有丰富的表现力和感染力，曲线追求一种流畅飘逸、收放自如的效果。线条的节奏感、韵律感和运动感是曲线的主要特点。环境景观表现图中运用曲线的地方较多，如花草、树木、流水、山石等多用曲线表现。曲线练习时多画一些曲面的景物，这样有助于提高曲线塑造形体的能力（图3-4～图3-6）。

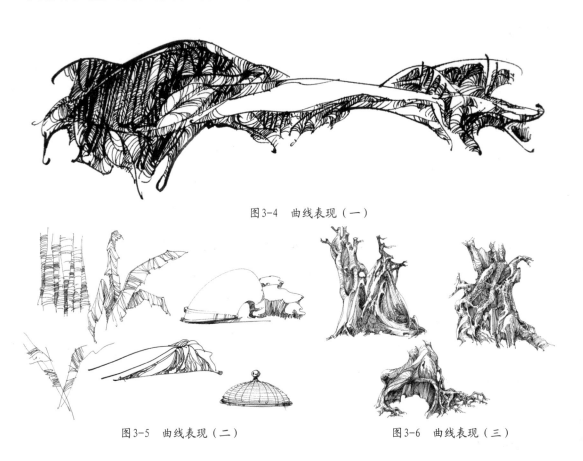

图3-4　曲线表现（一）

图3-5　曲线表现（二）　　　　　　图3-6　曲线表现（三）

3. 线条综合表现

各种直线和曲线综合运用时表现力极强，环境景观的空间感、立体感及景物的材质、光感都能通过各种线条表现出来。线条的粗细、软硬、虚实、疏密等变化在实际应用中发挥着重要作用。环境景观设计手绘效果图，都是直线和曲线的综合运用，没有单一的直线表现和曲线表现。线条综合练习是通过局部实景速写来完成的，平时要多画速写，以便快速提高线条综合表现能力（图3-7、图3-8）。

图3-7 线条综合表现（一）

图3-8 线条综合表现（二）

第二节 马克笔上色用笔方法

1. 上色用笔基本方法

（1） 基本用笔方法

平行用笔、交叉用笔、叠加用笔（图3-9）。

图3-9　基本用笔方法

（2）　形体过渡用笔方法

直面过渡用笔、曲面过渡用笔、体面过渡用笔（图3-10、图3-11）。

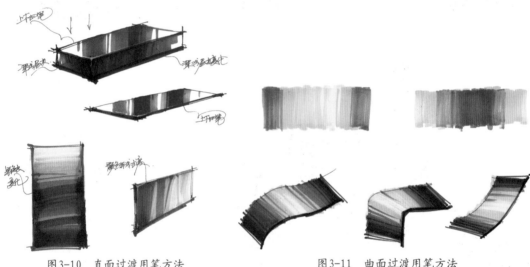

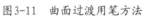

图3-10　直面过渡用笔方法　　　　　　　　图3-11　曲面过渡用笔方法

（3）　质感表现用笔方法

各种质感用笔（图3-12）。

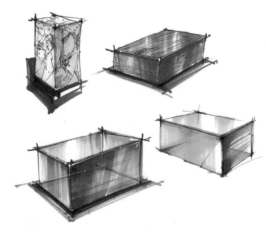

图3-12　质感表现

马克笔上色可以徒手画也可以使用直尺来画。上色时还可以借用其他工具，如遮挡板、遮挡纸、曲线尺等。

2. 塑造形体用笔方法

塑造形体用笔方法包括两种：一是单体塑造方法，二是组合体塑造方法。通常情况下初学者都要从单体塑造开始练习，逐渐过渡到组合体练习。这里所说的单体和组合体是指构成环境景观空间的单元个体部分，如景观空间的建筑物及环境小品等环境因素的个体单元实体物。环境景观空间就是由这些物体构成的，所以这些物体也是设计表现的重要内容之一（图3-13～图3-16）。

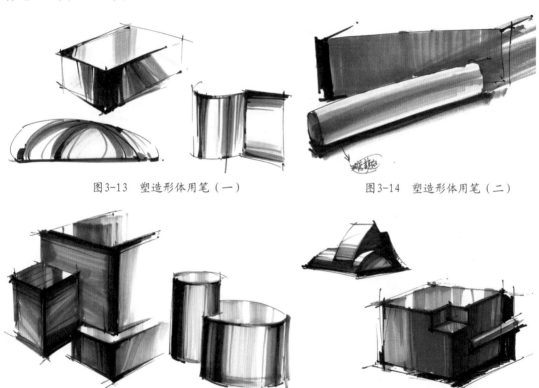

图3-13 塑造形体用笔（一）　　　　　图3-14 塑造形体用笔（二）

图3-15 塑造形体用笔（三）　　　　　图3-16 塑造形体用笔（四）

3. 塑造形体用笔时要注意以下几方面事项

1）物体造型要准确，结构要合理，不能随意夸张变形，要考虑自身各部分的比例关系。

2）物体的体面关系要明确，要体现色彩的明暗、虚实、光影等变化。

3）要考虑植物、水体、山石、建筑物等用笔方法及相互间的协调性。

4）形态的过渡与转折要自然，表现时色彩的笔触要和谐，笔触要与形态特征相吻合。

5）物体的线条部分与上色部分要协调，线条主要表现物体的形态和结构特征，上色主要表现物体的体面、色彩、光影、材质等特征。

6）马克笔上色用笔方法要符合物体的形态特征，既要体现颜色间的柔和过渡又要体现颜色的笔触自然衔接。

本章小结：

　　本章阐述了景观手绘表现效果图基础训练方法。内容包括：线条的表现方法，马克笔上色基本用笔方法。其中重点介绍了直线、曲线、线条综合表现，马克笔上色方面主要是用笔的基本方法，这些基础训练是学好手绘图的基础，要求反复练习、熟练掌握。

思考与练习题：

　　1. 线条表现在设计手绘效果图中的作用是什么？

　　2. 尝试用各种笔进行线条练习。进行单线条塑造物体练习。

　　3. 尝试绘制环境景观效果图线稿，利用排线的方法表现出空间物体的明暗效果和虚实关系。

第四章　环境景观手绘效果图技法步骤

　　步骤1: 画线稿阶段。利用自由曲线画树木的线稿,要把树木的基本特征表现出来,考虑树干与树冠之间的结构关系和比例关系。用笔要肯定、熟练,线条要挺拔、流畅,特别注意线条的转折及粗细变化的处理,可以利用排线的方法画出树干和树冠的明暗变化(图4-1)。

图4-1　线稿图

　　步骤2: 上色阶段。用浅色马克笔画出树干和树冠的基本色调。上色时注意笔触的应用和色彩的协调性,要整体大面积上色,省略局部细节部分,同时要预留出树干和树冠的受光部分(图4-2)。

图4-2 上色图

步骤3：上色调整阶段。逐步加重树的颜色，用笔要注意树木整体形象的塑造。局部加重树干和树冠暗部颜色，同时要考虑树冠颜色的明暗过渡变化及虚实变化。考虑树干与树冠颜色的明暗对比及软硬质感变化（图4-3）。

图4-3 上色调整图

步骤4：深入刻画调整阶段。继续加重树的颜色，增加树的立体感、体量感及颜色的冷暖变化，进一步塑造树干和树冠的质感和形象特征，深入刻画枝叶外围边缘的形象和颜色的虚实变化，从局部到整体进行调整，丰富树冠颜色，直至完成最终效果图（图4-4）。

图4-4　效果图　孙虎鸣

第二节　景观山石马克笔技法步骤

　　步骤1：画线稿阶段。要利用线条的表现力把景物的空间关系和层次关系画到位。可以利用排线的方法来塑造景物的体面关系及立体感（图4-5）。

图4-5　线稿图

步骤2：上色阶段。用浅色概括地画出园石、景桥、水体和植物的固有色彩，用笔要快速、利落，体现出色彩的层次感（图4-6）。

图4-6　上色图

步骤3：局部加重颜色阶段。进一步加重各部分景物的颜色，明确色彩倾向，强化景物体积感和空间感（图4-7）。

图4-7　上色调整图

步骤4：深入刻画调整阶段。对景物的各个部分进行深入刻画，园石、景桥、植物的暗部和水体的投影用深色来加重，要留出水的亮部，并注意景物各部分用笔方法的不同（图4-8）。

图4-8　效果图　孙虎鸣

第三节　景观水体马克笔技法步骤

步骤1：画线稿阶段。要利用线条把局部水体景观的空间关系和层次关系画好。充分发挥线条的表现力，可以利用排线的方法来塑造景物的体面关系及明暗关系。图中的景石多用直线，植物多用曲线，水体直曲线结合表现（图4-9）。

图4-9　线稿图

步骤2：上色阶段。用浅色概括地画出景石、水体和植物的固有色彩，用笔要快速、利落、肯定。根据景物质感的不同，上色要注意笔触的不同变化，并体现出色彩的层次感（图4-10）。

图4-10 上色图

步骤3：深入刻画调整阶段。对景物的各个部分进行深入刻画，加重各部分景物的颜色，明确色彩倾向性，强化景物体积感和空间感。要留出水的亮部，并注意景物各部分用笔方法和颜色的明暗虚实变化。使画面颜色协调、主次分明、质感真实，效果生动自然（图4-11）。

图4-11 效果图 孙虎鸣

第四节　景观建筑马克笔技法步骤

步骤图例之一：

步骤1： 画线稿阶段。要求用笔肯定，线条流畅，空间组织疏密有序，线条粗细、轻重要有变化，要把建筑物和植物的形态和结构特征画准确，注意景物间的比例关系，适当利用排线的方法加重物体投影和明暗转折处（图4-12）。

图4-12　线稿图

步骤2： 上色起始阶段。利用浅色的马克笔来给建筑整体上色，建筑颜色要体现出深浅和虚实变化，要体现出建筑的黑白灰关系，留出一些受光的空白地方，来增加光感效果，强调建筑的空间感和立体感（图4-13）。

图4-13　上色图

步骤3：上色塑造阶段。逐步给植物、水体、地面部分上色，并加重树木及水体的颜色，来塑造景物的体积感。要注意主体建筑与树木、水体、地面之间颜色的明暗、冷暖关系，使景观空间富有层次变化（图4-14）。

图4-14　上色图

步骤4：深入刻画调整阶段。对景物各个部分继续深入刻画，逐步加重建筑暗部及投影，细画树木外形特征，刻画树冠体积，最后画天空色，并注意天空的云朵形态和颜色的深浅变化。调整景观整体颜色、笔触变化，使景观表现生动自然（图4-15）。

图4-15　效果图　李广

步骤图例之二：

步骤1： 画线稿阶段。要求用笔肯定，线条流畅，空间组织有序，建筑线条可以借助尺子来画，要把建筑物的形态和结构画准确，注意建筑物和植物间的透视关系和比例关系，适当利用排线的方法加重树木的投影和明暗部位(图4-16)。

图4-16 线稿图

步骤2： 上色起始阶段。用暖色系的马克笔来上色，注意要依据建筑体面关系来体现笔触特点，颜色要体现出深浅过渡变化。建筑的黑白灰关系明确，要体现出受光部分和背光部分。建筑上的投影要有变化，强调建筑的立体感和空间感(图4-17)。

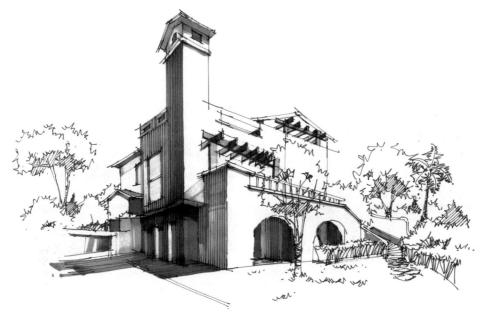

图4-17 上色图

步骤3：上色塑造阶段。主要给植物、地面部分上色，特别是植物上色要考虑不同树木颜色的对比关系、协调关系、比例关系、高低错落关系，以及树木的体积感。要注意建筑、树木、地面、草坪之间颜色冷暖关系，使景观空间具有层次变化(图4—18)。

图4-18　上色塑造图

步骤4：深入刻画调整阶段。逐步深入描绘景物各个部分，对建筑门窗细致刻画，细画树木外形特征和树冠体积，对树木的暗部及投影加重颜色。天空和地面颜色较淡，与建筑与植物颜色形成对比，突出了主体景观物体。调整景观整体效果，使景观表现具有真实感、空间感(图4-19)。

图4-19　效果图　李广、沈婧

本章小结:

　　本章主要阐述了设计手绘效果图常用技法的步骤。这些步骤需要按照一定规律和方法来练习完成。每种技法步骤不是一成不变的,要灵活掌握并加以运用,不可以墨守成规,建议在熟悉掌握每种技法步骤后综合运用这些技法,并体会每种技法的风格特点。

思考与练习题:

　　1. 尝试用马克笔技法步骤绘制植物、山石、水体局部景观效果图,并总结绘制要领和方法。

　　2. 尝试用马克笔技法步骤绘制单体建筑景观效果图。

第五章　环境景观手绘效果图技法解析

第一节　景观树木马克笔技法解析

　　树木的品种类型繁多，根据树木的高低、大小、树冠、枝干等形态不同可分为：乔木、灌木、攀缘木等。根据树的类型可分为自然形态和人工修剪形态等类型。在表现树种时，我们可以查看相关的资料或参考一些图片资料进行绘制，把树种基本形态特征表现出来就可以了，并逐渐熟练掌握一些常见树种的基本表现方法（图5-1～图5-3）。

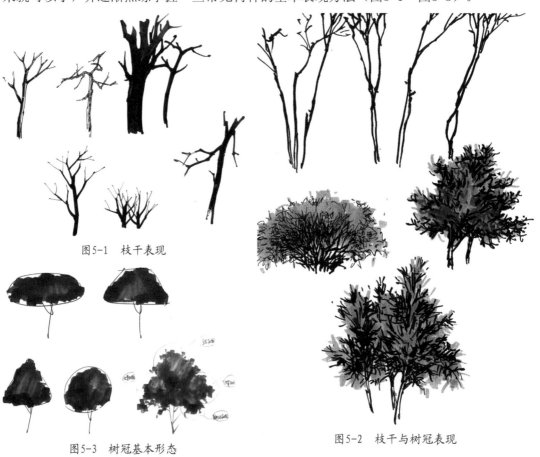

图5-1　枝干表现

图5-3　树冠基本形态

图5-2　枝干与树冠表现

　　我们可以把树木的表现方法概括为：自然形态树木表现方法、人工形态树木表现方法和装饰形态树木表现方法。以上三种方法根据图面要求，可以概括地描绘，也可以细致地描绘。表现时，三种画法可以单独运用也可以混合运用。

1. 自然形态树的表现

自然形态树木要突出各树种的外貌特征，但需要概括处理，要删繁就简，抓住主要特征来描绘。注意色彩的过渡与变化，要有一定的体积感，特别对树的外轮廓要有考虑，如疏密、分枝、出叶等，都要精心处理。远处树与近处树要有所区别，树冠与树干要刻画到位，质感真实（图5-4～图5-10）。

图5-4　树木表现（一）

图5-5　树木表现（二）

图5-6　树木表现（三）

图5-7　树木表现（四）

图5-8 树木表现（五）　　　　　　　　图5-9 树木表现（六）

图5-10 树林表现

2. 人工形态树的表现

人工形态树木要注意修剪形态的主体造型体量感表现。树的透视、尺度、比例要准确。无论是规整的几何形态还是特殊形态都要透视准确合理。充分表现黑白灰的关系，使树形突出，适当加一点儿地面投影。要考虑色彩过度和冷暖变化。注意树形外轮廓的虚实、转折、明暗的变化，切记不能用单线圈边（图5-11、图5-12）。

图5-11　树木表现（一）

图5-12　树木表现（二）

3. 装饰形态树的表现

　　装饰形态树的表现,可根据景观整体效果来确定,多用于手绘立面图、俯视图等树木的表现。此类型树的表现关键在于概括、简洁,色彩以平涂为主,不过多追求色彩的变化。树冠多为几何形态,主干分枝较规整,富于装饰感（图5-13～图5-15）。

图5-13　树木表现（一）

图5-14　树木表现（二）

图5-15 树木表现（三）

第二节 景观山石马克笔技法解析

1）画线稿时，用线条勾勒要注意山石的结构。线条无论粗细，勾勒时线条一定要有力度，以体现石材的质感、体积感，切忌线条软弱无力。

2）上色时，一定要有深浅、明暗等变化。塑造山石的体积感，这一点非常重要。

3）山石的颜色根据种类不同而不同，如湖石、黄石、青石等。常见山石的颜色有灰色、黄色、综色等颜色。

4）上色时要考虑山石放置的位置、环境等因素。可以适当加点环境颜色。

5）山石上色不留高光或预留高光都可以，尽量少画高光，以显示其自然的状态（图5-16～图5-24）。

图5-16 山石表现（一）

图5-17　山石表现（二）

图5-18　山石表现（三）

图5-19　山石表现（四）

图5-20 山石表现（五）

图5-21 山石表现（六）　　　　　　图5-22 山石表现（七）

图5-23　山石表现（八）

图5-24　山石表现（九）

第三节　景观水体马克笔技法解析

　　1）水体包括平水、喷泉、溪流、瀑布等，画时要注意各自的基本特征。

　　2）水的表现难点是把水的质感画得生动自然，要把动态的水和静态的水充分表现出来。

　　3）水的颜色要有深浅变化、浓淡变化、虚实变化，还要适当填加一些环境颜色来丰富水的色彩，尽量把水的透明度和明亮效果表现出来。

　　4）上色用笔要有一定的速度，笔触过渡要柔和，笔触不能太过明显。

5）水中可以画一些倒影，画倒影时要有虚实变化，要有远近的层次感。

6）明亮的水面表现时要学会留白。留白或提亮线，目的是表现水的反光效果。

7）瀑布、溪水等运动中的水要画出动感。流动的水很亮，反光较强，要画出流水的层次感和运动状态（图5-25～图5-30）。

图5-25 水体表现（一） 孙虎鸣

图5-26 水体表现（二） 孙虎鸣

图5-27　水体表现（一）　李广

图5-28　水体表现（二）　李广

图5-29 水体表现 孙达科

图5-30 水体表现 李广

第四节 景观建筑马克笔技法解析

这里所说的建筑是以房屋建筑为主的建筑物，其他建筑物未做论述。环境景观之中建筑表现相对于山石、水体、植物等表现来说要复杂一些，特别是以建筑为主体的景观表现更是如此。下面对建筑表现提出几点建议供参考（图5-31～图5-35）。

图5-31　建筑表现　孙虎鸣

图5-32　建筑表现（一）　李广

图5-33　建筑表现（二）　李广

图5-34　建筑表现（三）　李广

图5-35　建筑表现（四）　李广

1）以建筑为主题的景观表现，应该把建筑画的详细一些、精致一些；以其他景物为主题的景观表现，建筑应该画的简略一些、概括一些。无论是线条方面还是上色方面都是如此。

2）绘制建筑物线稿图时，一定要把建筑的形体与结构表达清楚。

3）建筑本身色彩应该符合建筑的实际色彩要求。要以建筑的固有颜色为主去表现，也可以利用环境色来表现建筑本身的色彩。

4）建筑透视要准确，一定要运用好透视规律和透视法则来表现建筑物。这是建筑空间立体感表现的一个重要方面。

5）地面、天空、植物等诸多方面的表现及相互之间的协调性，是建筑表现效果成败的关键所在。绘制之前要充分考虑这些相关因素，如地面、天空、建筑、植物上色时，相互间的明暗、深浅、冷暖、笔触等方面都要考虑清楚，做到心中有数。

第五节　景观建筑小品马克笔技法解析

景观建筑小品在环境景观中具有较高的观赏价值和艺术价值，具有体量小巧、造型多样、内容丰富等特点。建筑小品是通过本身的造型、质地、色彩、机理来展现形象特征的，表现时要针对这些特征加以分析、研究，找出表现方法和规律（图5-36～图5-40）。

图5-36　建筑小品（一）　孙虎鸣

图5-37　建筑小品（二）　孙虎鸣

图5-38　建筑小品（三）　孙虎鸣

图5-39　建筑小品（四）　孙虎鸣

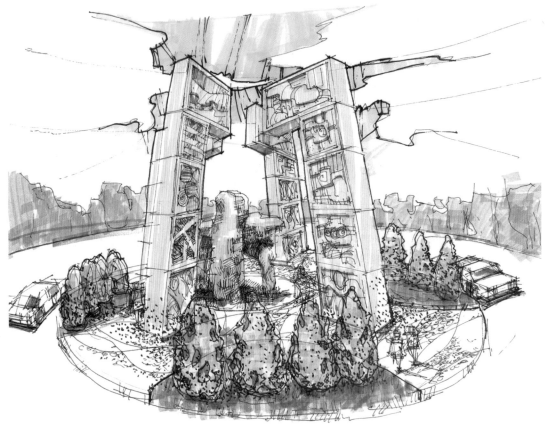

图5-40　建筑小品　张雁龙

1）注重形体结构，造型要精准。

2）考虑物体本身色彩与环境色彩要协调。

3）重点要表现出物体的质感与特征。近处物体要细致表现，远处物体要概括表现。

4）用笔方法应该按照形体结构来用笔，笔触运用不要破坏形体结构。

第六节　景观配景马克笔技法解析

1. 人物表现

环境景观设计手绘图的配景经常会涉及到人物的表现，人物作为配景能够体现出场景的真实感和亲切感（图5-41～图5-43）。

图5-41　近景人物表现　孙虎鸣

图5-42　中景人物表现　孙虎鸣

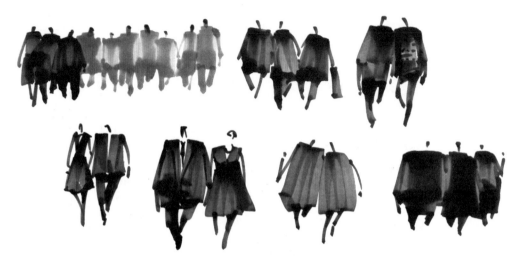

图5-43　远景人物表现　孙虎鸣

人物表现时注意以下几点：

1）人物的比例关系要符合所处周围景物的比例关系。

2）人物的动势、向背、疏密、色彩、衣着等方面都要有所考虑。

3）人物的表现可分为：装饰性人物、真实性人物、概括性人物，也可分为：近景人物、中景人物、远景人物。人物表现可以根据需要来确定，写实人物、装饰人物、概括性人物都可以表现。基本原则是近景人物表现细致一些，中景人物表现具体一些，远处人物表现概括一些。

2. 交通工具表现

环境景观设计手绘图中常见交通工具的表现。特别是汽车表现经常作为环境景观表现的配景来烘托环境气氛（图5-44～图5-46）。

图5-44　汽车表现(一)　孙虎鸣

图5-45　汽车表现（二）　孙虎鸣

图5-46　汽车表现（三）　孙虎鸣

交通工具表现表现时应注意以下几点。

1）要考虑汽车的颜色、款式及透视关系。

2）多辆车要处理好车的疏密、远近、行停、向背关系。

3）注意车的体量感、立体感、光感的表现。

4）近处的车刻画细致一些，远处的车要画得概括一些。

本章小结：

　　本章阐述了景观手绘效果图相关设计元素的具体表现方法。内容包括：植物表现方法、山石表现方法、水体表现方法、建筑表现方法、景观小品表现方法及景观配景表现方法等。这些方法中重点要对植物、山石、水体、建筑加以练习、熟练掌握表现要点。因为这些是景观手绘表现时所需要掌握的基础训练，要给予重视。

思考与练习题:

1. 植物表现是景观表现的重要内容,列举出三种常见的植物并用马克笔去表现。

2. 在景观手绘表现中如何处理好近景、中景、远景之间的关系。

3. 建议景观局部表现训练时,侧重点放在植物、水体、山石、建筑物四个方面去表现。

第六章　环境景观设计平面图和立面图表现

第一节　环境景观设计平面图表现

对于环境景观设计来说，平面图的表示方式、方法，是非常重要的。因为在平面图上能清晰地表示出整个环境景观的空间布局、组织结构、景物构成等诸多设计要素间的关系。在环境景观设计各个阶段中，平面图的表现方式有所不同。在构思方案阶段和施工图纸阶段平面图表现上有所侧重。如施工图阶段，平面图绘制较细致准确一些。草图方案阶段，平面图绘制较自由灵活一些。可以说环境景观设计构思方案是从平面规划开始的，掌握平面图表达是设计者的基本功之一。特别是在平面规划性质很强的环境景观设计中，平面图的表示方法尤为重要。

马克笔平面图表现方法总的原则是：整体效果主次分明、清晰醒目、比例尺度合理、色彩协调统一、有一定的立体感和质感；以线条为主，色彩为辅。马克笔平面图表现包括两种类型：一是设计草图类型的平面图表现。此类型平面图表现以探讨设计构思为主，线条随意一些，上色以平涂为主。因为它的随意性较大，不以表现为主，而是以探讨设计方案为主要目的，强调的是构思立意及设计合理性等因素。所以此类型平面图表现具有灵活多变、生动自然等特点。二是标准类型平面图表现。此类型平面图表现以规范性的制图法则来绘制，线条要求严谨规范，尺度比例合理准确。此类平面图上色要均匀并与规整的制图相吻合，整幅图面效果应整洁、严谨、规范。

1. 树木、山石平面图表现图例（图6-1～图6-5）

图6-1　树木、山石平面图表现图例（一）

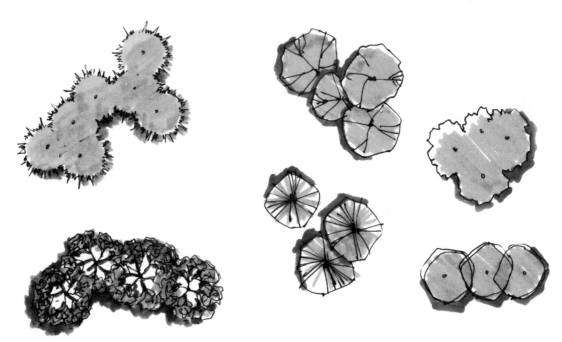

图6-2　树木、山石平面图表现图例（二）

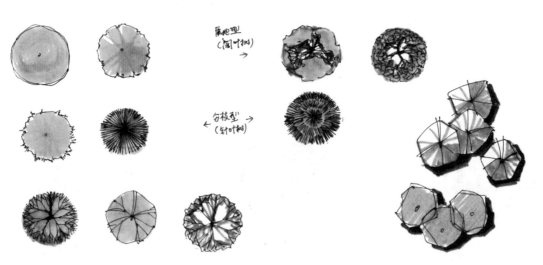

图6-3　树木、山石平面图表现图例（三）

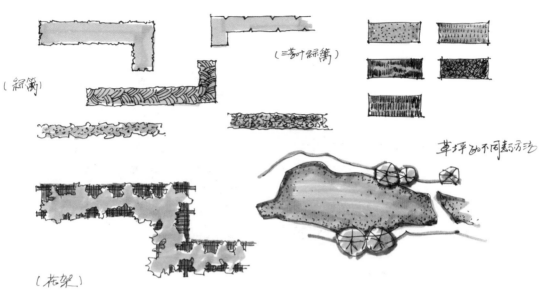

（绿篱）

（三带叶绿篱）

草坪的不同画法

（花架）

图6-4　树木、山石平面图表现图例（四）

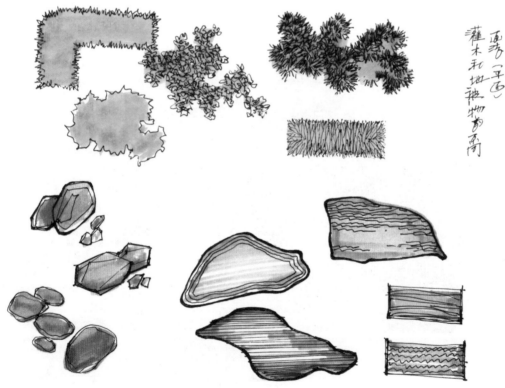

灌木和地被物的画法（平面）

图6-5　树木、山石平面图表现图例（五）

2. 整体景观平面图表现图例（图6-6～图6-12）

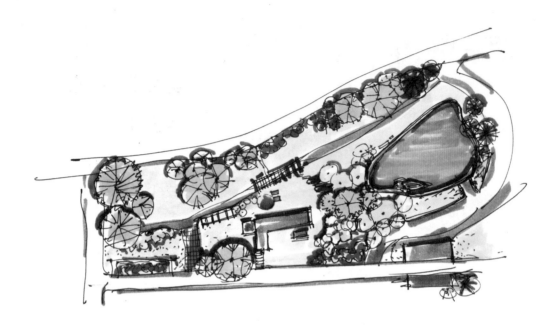

图6-6　孙虎鸣作品（一）

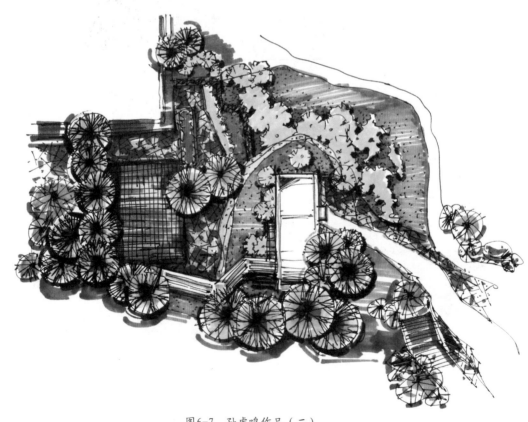

图6-7　孙虎鸣作品（二）

图6-8 郑超作品（一）

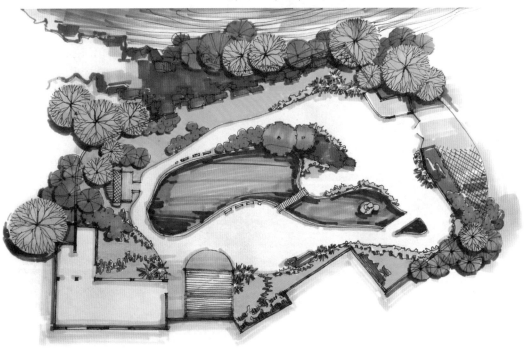

图6-9 孙虎鸣作品（三）

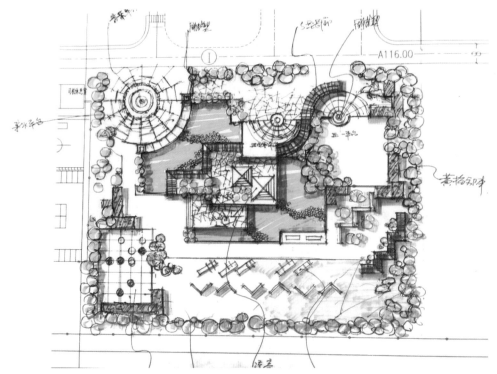

图6-10　张雁龙作品

图6-11　孙虎鸣作品（四）

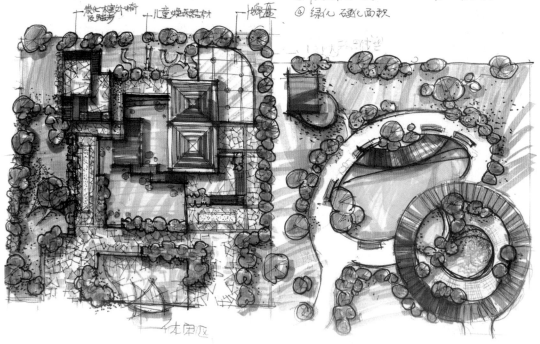

图6-12　郑超作品（二）

第二节　环境景观设计立面图表现

　　景观设计立面图表现方法与平面图一样重要，它所反映出的高低错落是空间范围内横向和纵向景观各部分之间的尺度比例关系。对照平面图来画立面图，可以进一步深化垂直空间景物的视觉效果。马克笔画立面图时要考虑各个节点景观物（包括植物）的立体效果和真实效果，因为立面图表现不同于平面图表现，它要求景物之间层次要分明，前后左右关系要协调，而且要有一定的空间进深感。立面图的景物是真实景物的正立面效果，表现时要反映出景物的真实立面效果，同时要体现出景物的立体感和空间感。

1. 树木立面图表现图例（图6-13～图6-17）

图6-13　树木立面图表现图例（一）

图6-14　树木立面图表现图例（二）

图6-15　树木立面图表现图例（三）

图6-16　树木立面图表现图例（四）

图6-17　树木立面图表现图例（五）

2. 整体立面图表现图例（图6-18）

图6-18　整体立面图表现图例

本章小结：

　　本章阐述了景观手绘图中平面、立面图的作用与画法。重点内容是植物、山石、水体的平立面图表现方法，这些方法在实际应用中经常遇到，希望能够快速掌握平立面图的局部画法与整体画法。

思考与练习题：

1. 平面图、立面图的重要作用及特点是什么？
2. 选取四种常见景观植物并画出单株植物的平面、立面效果图。
3. 尝试绘制局部或整体景观设计平面、立面效果图。

第七章　环境景观手绘效果图赏析

第一节　马克笔技法景观效果图

1. 植物景观效果图（图7-1～图7-7）

图7-1　植物景观表现（一）　孙虎鸣

图7-2　植物景观表现（二）　孙虎鸣

图7-3　植物景观表现（三）　孙虎鸣

图7-4　植物景观表现（四）　孙虎鸣

图7-5　植物景观表现　郑志辉

图7-6　植物景观表现（五）　孙虎鸣

图7-7　植物景观表现　李广、沈婧

2. 山石、水体景观效果图（图7-8～图7-19）

图7-8　山石景观表现（一）　孙虎鸣

图7-9 山石景观表现（二） 孙虎鸣

图7-10 山石景观表现（三） 孙虎鸣

图7-11　山石景观表现（四）　孙虎鸣

图7-12　山石、水体景观表现（一）　孙虎鸣

图7-13　山石、水体景观表现（二）　孙虎鸣

图7-14　山石景观表现　李广

图7-15　水体景观表现（一）　罗子杰

图7-16　水体景观表现（一）　孙虎鸣

图7-17 水体景观表现（二） 孙虎鸣

图7-18 水体景观表现（二） 罗子杰

图7-19　水体景观表现　李广、苏杭

3. 建筑景观效果图（图7-20～图7-58）

图7-20　建筑景观表现（一）　郑超

图7-21 建筑景观表现（一） 孙虎鸣

图7-22 建筑景观表现（二） 孙虎鸣

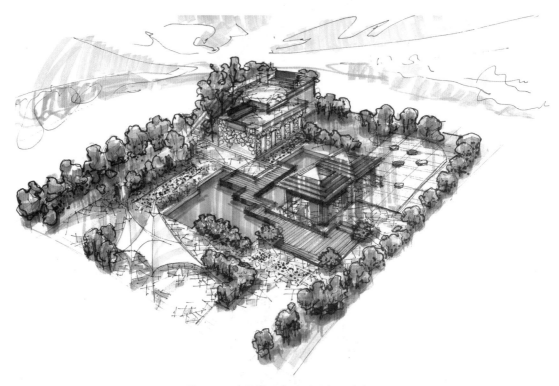

图7-23　建筑景观表现（二）　郑超

图7-24　建筑景观表现（三）　孙虎鸣

图7-25　建筑景观表现（四）　孙虎鸣

图7-26　建筑景观表现（五）　孙虎鸣

图7-27 建筑景观表现（六） 孙虎鸣

图7-28 建筑景观表现（七） 孙虎鸣

图7-29 建筑景观表现（八） 孙虎鸣

图7-30 建筑景观表现（九） 孙虎鸣

图7-31　建筑景观表现（十）　孙虎鸣

图7-32　建筑景观表现（十一）　孙虎鸣

图7-33　建筑景观表现（十二）　孙虎鸣

图7-34　建筑景观表现（十三）　孙虎鸣

图7-35　建筑景观表现（一）　李广

图7-36　建筑景观表现（十四）　孙虎鸣

图7-37 建筑景观表现 罗子杰

图7-38 建筑景观表现（二） 李广

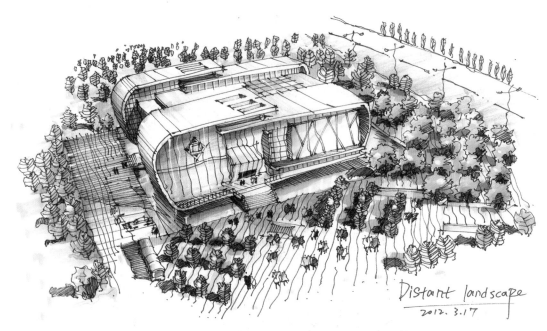

图7-39 建筑景观表现（一） 孟庆超

图7-40 建筑景观表现（二） 孟庆超

图7-41　建筑景观表现（三）　李广

图7-42　建筑景观表现（三）　孟庆超

图7-43　建筑景观表现（十五）　孙虎鸣

图7-44　建筑景观表现（四）　李广

图7-45　建筑景观表现（四）　孟庆超

图7-46　建筑景观表现（五）　李广

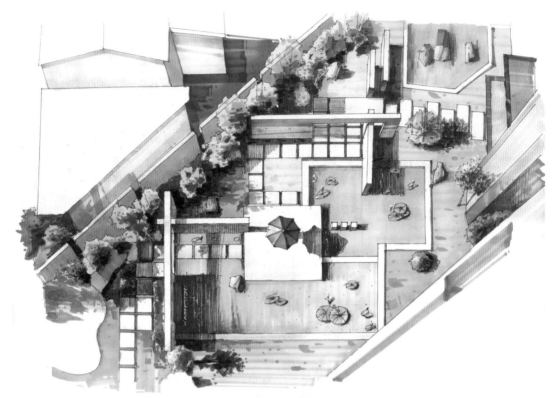

图7-47　建筑景观表现（六）　李广

Distant land:
2012.3.17

图7-48　建筑景观表现（五）　孟庆超

图7-49 建筑景观表现（六） 孟庆超

图7-50 建筑景观表现（七） 孟庆超

图7-51　建筑景观表现（一）　李广、苏杭

图7-52　建筑景观表现　孙达科

图7-53　建筑景观表现（七）　李广

图7-54　建筑景观表现　李广、沈婧

图7-55　建筑景观表现（八）　李广

图7-56　建筑景观表现（二）　李广、苏杭

图7-57　建筑景观表现（三）　李广、苏杭

图7-58　建筑景观表现（四）　李广、苏杭

4. 其他环境景观效果图（图7-59～图7-66）

图7-59　建筑入口表现　孙虎鸣

图7-60　景观阶梯表现　孙虎鸣

图7-61 景观阶梯表现 李广

图7-62 景观护坡表现 孙虎鸣

图7-63　景观道路表现　孙虎鸣

图7-64　景观入口表现　李广

图7-65　景观汀步表现　李广

图7-66　景观庭院表现　李广

第二节　综合技法景观效果图

1. 马克笔与透明水色技法效果图（图7-67～图7-69）

图7-67　马克笔与透明水色表现（一）　孙虎鸣

图7-68　马克笔与透明水色表现（二）　孙虎鸣

图7-69　马克笔与透明水色表现（三）　孙虎鸣

2. 马克笔与水彩技法效果图（图7-70、图7-71）

图7-70　马克笔与水彩表现（一）　孙虎鸣

图7-71　马克笔与水彩表现（二）　孙虎鸣

3. 马克笔与彩色铅笔技法效果图（图7-72～图7-75）

图7-72　马克笔与彩色铅笔表现（一）　罗子杰

图7-73 马克笔与彩色铅笔表现（二） 罗子杰

图7-74 马克笔与彩色铅笔表现 孙虎鸣

图7-75　马克笔与彩色铅笔表现（三）　罗子杰

第三节　速写与线稿图

1. 速写图（图7-76～图7-87）

图7-76　速写图（一）　孙虎鸣

图7-77　速写图（二）　孙虎鸣

图7-78　速写图（三）　孙虎鸣

图7-79 速写图（四） 孙虎鸣

图7-80 速写图（一） 鲁江

图7-81　速写图（二）　鲁江

图7-82　速写图（三）　鲁江

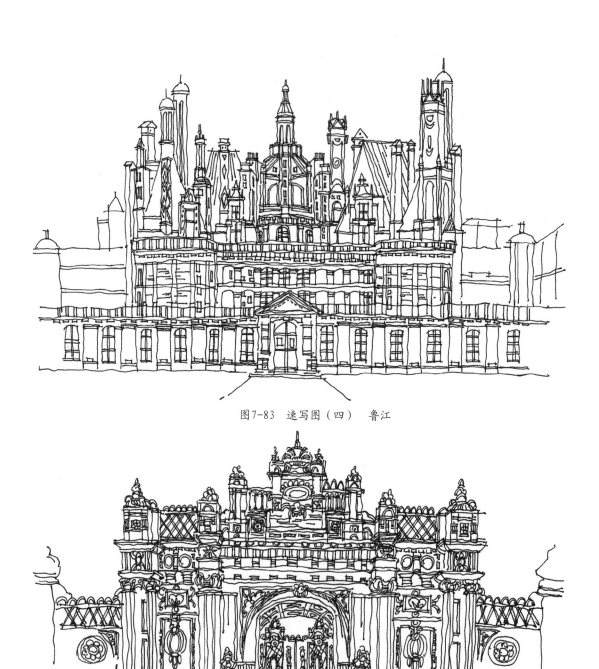

图7-83　速写图（四）　鲁江

图7-84　速写图（五）　鲁江

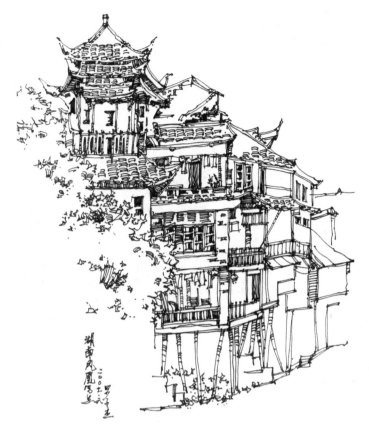

图7-85　速写图　罗子杰

图7-86　速写图（五）　孙虎鸣

图7-87 线条表现图 孙虎鸣

2. 景观线稿图（图7-88～图7-97）

图7-88 景观线稿图（一） 孙虎鸣

图7-89　景观线稿图　鲍陟岳

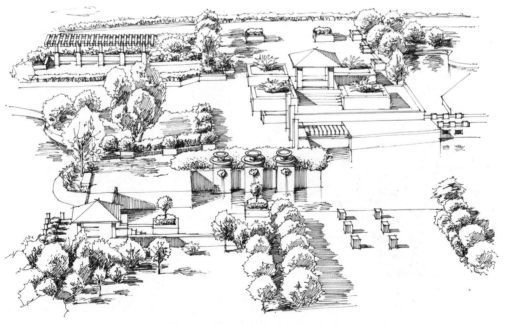

图7-90　景观线稿图（一）　李广

图7-91 景观线稿图（二） 李广

图7-92 景观线稿图（三） 李广

图7-93 景观线稿图（四） 李广

图7-94 景观线稿图（五） 李广

图7-95　景观线稿图（六）　李广

图7-96　景观线稿图（七）　李广

图7-97　景观线稿图（二）　孙虎鸣

本章小结：

　　本章选取了一些有代表性的马克笔技法作品供欣赏，所选取的作品技法熟练、风格迥异，具有鲜明的个性特征和艺术特色，是较好的临摹练习的范图。同时针对性地选取了植物景观效果图，山石、水体景观效果图，建筑景观效果图供临摹练习。这些图例对于深入研究马克笔技法表现具有很好的参考价值。

思考与练习题：

　　1. 根据个人喜好和掌握技法的熟练程度及要求，选取一些作品进行临摹练习。

　　2. 选取作品进行技法要点分析，参照景观实景图片进行线条绘制练习和马克笔上色练习。

　　3. 借鉴作品中的一些常用的马克笔实用技法，尝试创作练习。

参考文献

〔1〕刁甤，孙虎鸣.室内外设计表现—马克笔表现技法〔M〕.长春：吉林美术出版社，2007.

〔2〕孙靖立.现代阴影与透视〔M〕.北京：北京航空航天大学出版社，2007.

〔3〕刘冠，赵键磊.设计透视与快速表现〔M〕.北京：中国水利水电出版社，2010.

〔4〕缪肖俊.室内外空间环境设计与快速表现〔M〕.辽宁：辽宁美术出版社，2012.

〔5〕孙虎鸣.景观设计手绘效果图表现〔M〕.北京：中国建材工业出版社，2013.

〔6〕李明同，杨明.建筑钢笔手绘表现技法〔M〕.辽宁：辽宁美术出版社，2014.

〔7〕林文冬.手绘设计表现〔M〕.北京：机械工业出版社，2015.